让我们试着将双手紧紧贴在胸前，
来倾听生命想说的话吧，
也许在那里你会发现真正的自我。

序言

まえがき

来吧，去找回属于自己的人生

说起来，遇到自凝心平先生，和他一起合著这本书，是我日常生活的一个转折点。7年前，我们因为每天写博客而结缘，不知不觉间，我们成了一起工作的朋友，也成了秉持相同人生哲学的挚友。

这本书完稿之后，我决定去中国太原旅行。在太原，经人介绍，一位男性企业家为我做向导，带我去佛教圣地五台山。其实一开始我并没有将去太原列入旅行计划，也没想到会在此地拜访位于深山的佛教圣地，更没有想到能和五台山寺院首屈一指的年轻住持相遇、结缘，并得到亲切交谈的机会。

这位年轻的住持是这么定义佛教的：

108件小事

大切なことはすべて日常のなかにある

[日] 山下英子　自凝心平 —— 著
陈璇璇 —— 译

やましたひでこ
おのころ心平

广西科学技术出版社

著作权合同登记号 桂图登字：20-2018-010 号
"TAISETSUNA KOTO WA SUBTE NICHIJYO NO NAKA NI ARU" by Hideko Yamashita, Shinpei Onokoro

First published in Japan by KANKI PUBLISHING INC., Tokyo.
This Simplified Chinese edition is published by arrangement with KANKI PUBLISHING INC., Tokyo in care of Tuttle-Mori Agency, Inc., Tokyo through Future View Technology Ltd., Taipei.

图书在版编目（CIP）数据

108 件小事 /（日）山下英子，（日）自凝心平著；陈璇璇译．—南宁：广西科学技术出版社，2019.9（2020.3 重印）
ISBN 978-7-5551-1214-3

Ⅰ．①1… Ⅱ．①山… ②自… ③陈… Ⅲ．①人生哲学－通俗读物 Ⅳ．①B821-49

中国版本图书馆 CIP 数据核字（2019）第 187799 号

108 JIAN XIAOSHI
108 件小事

[日]山下英子 自凝心平 著 陈璇璇 译

策划编辑：冯 兰
装帧设计：lemon
责任审读：张桂宜
版权编辑：尹维娜
责任编辑：蒋 伟
责任校对：张思雯
责任印制：高定军

出 版 人：卢培钊
出版发行：广西科学技术出版社
社 址：广西南宁市东葛路66号
邮政编码：530023
电 话：010-58263266-804（北京） 0771-5845660（南宁）
传 真：0771-5878485（南宁）
网 址：http://www.ygxm.cn
在线阅读：http://www.ygxm.cn
经 销：全国各地新华书店
印 制：唐山富达印务有限公司
邮政编码：301505
地 址：唐山市芦台经济开发区农业总公司三社区
开 本：787mm × 1092mm 1/32
字 数：77千字
印 张：8
版 次：2019年9月第1版
印 次：2020年3月第2次印刷
书 号：ISBN 978-7-5551-1214-3
定 价：45.00元

质量服务承诺：如发现缺页、错页、倒装等印装质量问题，可直接向本社调换。
服务电话：010-58263266-805 团购电话：010-58263266-804

佛教，是处理“生死”关系的宗教，但是“生”是首要的。

佛教是处理“生存”“生活”“进化”三者之间关系的宗教，但是佛教必须扎根于日常生活之中。

佛教，是为了通过日常生活的种种考验，让个人的精神性得以进化而存在的。

我很震惊。

于我而言，此次来华旅行是超越日常生活的行为，在不可思议的异乡大地，完成了不可思议的相遇。僧人的话语深深地印在我的脑海中，也回答了我一直以来都在思考的关于“日常生活”的重要性的问题。

如果我们觉得日常只是无法回头地流逝着，或者只是为了度过而度过，那我们由日常日积月累起来的人生该是多么无趣啊。

不，可能有些人连这样的感觉都没有，根本无法察觉到自己的无趣吧。

我认为生之欢喜，以及人生的种种有趣滋味都蕴藏在日常之中。

也许藏在你满眶的泪水深处。

也许藏在你听到的爽朗笑声之中。

也许藏在你肌肤感受到的温暖里。

山下英子 于山西省五台山

目录

目次

第　一　章

生活

暮らし

第 二 章

物品·空间

モノ·空間

第 三 章

语言

言葉

第 四 章

心灵和身体

—心灵篇—

〈ココロとカラダ ココロ〉

第五章 联系

つながり

第六章 意识

第七章

心灵和身体

—身体篇—

ココロとカラダ〈カラダ〉

第 八 章

相似象

相似象

第 九 章

变化

第十章 进化

進化

后记

あとがき

生活 暮らし

第一章

001　放弃整理就是放弃人生

人不能放弃整理，为什么呢？所谓整理，并不仅仅指通过收拾物品让屋子留下某物，而是调整人生本身。人不可辱没整理，为什么呢？整理是创造美好人生的源泉，因此放弃整理就是放弃人生。人只有持续整理自我，人生才会向良好的方向发展。

——山下英子

佛教中有四谛的说法，即苦谛、集谛、灭谛、道谛。佛教中的“放弃”（日语“諦め”）和我们现在使用的“放弃”（日语“あきらめ”，半途而废之意）意思刚好相反，且是竭尽人为努力方可达到的境界。四谛之中，道谛乃通向悟道的实践方法。断舍离在现代社会中乃道谛之道。不放弃，达到“四谛”的境界乃日常的哲学。

——自凝心平

002 生命的容器＝身体，身体的容器＝家，即家是生命的容器

你的身体中居住着你的生命，我的身体中居住着我的生命。也就是说身体是我们生命的住所，而家又是身体的住所，那么，家就是我们生命的一个巨大容器。如果总是忽视或者推迟对家的整理，就无异于将自己的生命置于杂乱之中。因此，整理自己的家，才是真正的珍惜生命。

——山下英子

いのちの容れ物＝カラダ

カラダの容れ物＝家

即ち、家とはいのちの容れ物である

皮肤的保养叫“肌肤护理”，身体的保养叫“养生保健”，心灵的保养叫“精神疗愈”。在现代社会中，关于保养的词汇五花八门，各种保养之间也是彼此割裂。而我们真正需要的是覆盖整个人生的“生命的保养”，所以让我们先试着整理自己居住的空间吧。

——自凝心平

003 居住空间也会生病

家里各种物品到处乱扔，空间被塞得水泄不通，同时积攒的物品越来越多。如此这般，我们的家就会生病。这样臃肿不堪、无法代谢的家充满了悲伤，住在这种房子里的人也会渐渐变得萎靡不振。家生病了，人也会生病。家充满元气，人也格外精神。人和居住空间之间有着难以割舍的羁绊，我们应该时刻注意这一点。

——山下英子

病，是“疒”下面一个丙。所谓丙，是健康、食禄、艺术的意思，是天干中的第三位，在阴阳学中象征着太阳。“病”也就是太阳被关在“疒”里面，因此黑暗＝生病。如果居住空间塞满物品，导致阳光无法照射进来，就容易滋生病气，而居住在内的人则容易阳气不盛。

——自凝心平

004 不是“改变”自身，而是“整理”日常

整理则调和。整理物品、整理屋子，心也会随之安定。因此没有必要责备自己“无能”，无须鼓动不争气的自己发愤图强，也不必急着对自己说“要改变呀”。与之相对的，去整理自己日常生活的空间，用自己的双手仔细去除不必要的物品，空间就会随之发生变化，生活也会相应地发生改变，变得更加精细考究，也许人生也会产生巨大的变化呢！

——山下英子

自分を「変える」のではなく、
日常を「整えて」いけばいい

居住在充满杂物的空间里，大脑被无用信息塞满以至于无法思考，这样的人是无法实现真正的改变的。去粗存精，试着精简身边的物品和信息，这样人才能看清自己真正想要的东西。

——自凝心平

005 摆好鞋子

当我们从外面回到家中，站在玄关时，会觉得这是一天中最让人放松的时刻吧。脱掉外面的正装，紧张的肌肉得到舒缓，紧绷的神经也得到放松。这一刻，请尽情吸一口自由的空气。因此，保持玄关空气清新是很有必要的。如果玄关杂乱无章，那么你的身心也会杂乱。首先，让我们摆好玄关的鞋子。

——自凝心平

脱下来的鞋子、不穿的外套或借来的盖膝毯，将这些物品放回原位可能比我们想象中更难。因为用完这些物品时放松的心已经飞向其他地方，很容易对手边和脚边的物品视而不见。而物品摆放杂乱的区域会让人觉得呼吸困难、慌乱和烦躁，因此从现在开始，让我们先做出区分。只有开始整理，才能改变一个人的姿态，进而让内心整饬。摆好鞋子是非常重要的第一步。

——山下英子

006 “住所的污垢”就是“心灵的污垢”

没有整理完的物品、没有收纳整齐而四处散置的物品、以保管之名到处堆积的物品，这些对于我们来说都是不会再去使用，类似污垢一样的存在，即所谓生活垢。如果置之不理，只会对身心健康有害。这些生活垢会沾染、依附在人的身上，变成难以去除的心灵污垢。

——山下英子

身体的污垢任谁都会想将其去除，因为人能感觉到其不洁、阻碍肌肤呼吸。肌肤无法自由呼吸的身体，和外部的交流会被截断，结果人就变得闭塞。同样，家里的污垢任意放置，个人生活则会与社会脱节。

——自凝心平

007 收纳则死，舍弃则生

整理并不等同于收纳。我们很有必要思考一下物品收纳的意思。以收纳、收拾的名义将物品收起来，这样一来它们就转变为不再被使用的死藏品。而整理是将选出来的物品投入日常使用当中，使其焕发生机。所以这两者之间存在巨大差别。舍弃是先选择再留下，经过多重选择后留在身边的物品，让我们郑重地对待它、使用它，让它焕发生机。

——山下英子

土葬、火葬、风葬、海葬，人死后以多种方式回归自然。正是因为明白要回归自然，我们才能充分感受自己活着的意义。物品也是一样，给不需要的物品办个葬礼，给予其死亡的舞台，通过这样的方式让自己拥有的物品焕发生机。

——自凝心平

008 整理是“袚除”，清扫是“清净”

整理和清扫是每日都需要做的，不知不觉间会变成每日的例行公事，最终变成身心都无法投入其中的作业。事实上，所谓整理是祛除“邪气”；所谓清扫，也就是经由扫、抹、擦带来“清洁”。我们重新审视清扫的意义，它就会由日常作业转变为富有价值的“净化仪式”。

——山下英子

“祓除”和“净化”在神道教[1]中是唯神之道，也就是说创造神的流派。在“道”中，产生滞涩，就会偏离正道，创出邪道。因此整理、清扫就是消除邪道，让人步入堂堂正正的大道的修行之一。

——自凝心平

① 神道教（Shinto）简称神道，是日本的本土宗教，包括大和神道和琉球神道。

009 人无法脱离社会孤立生存，和周围的人产生联系从收拾屋子开始

塞满物品的空间拒人于千里之外。不想被看到的想法会切断你和周围人的联系。遇见有人来访，在物品堆积如山的家里也无法招待客人呀！那么，我们就把多余的物品扔掉，让家成为一个开放的空间吧。这样一来，你和周围的人就会自然而然地产生联系。开放的头脑只会住在开放的空间里，创造一个好客、有亲和力的家才能创造出良好的人际关系。

——山下英子

所谓招待，不应仅有表面或者仅有内涵，而应是表里如一、没有谎言的状态。例如“有空过来玩”这种话，实际上常包含着“真的来了会比较烦人”的意思。一个人生活得表里不一，就会变得生硬。所谓招待，是通过每日的整理，让屋子一直保持开放的状态。

——自凝心平

第二章

物品·空间

モノ·空間

010 人没有必要也不可能拥有所有物品

想拥有尽可能多的物品，这是人类的本能。而且我们常常用“以备不时之需”或者“万一想用手边却没有”等理由囤积物品，尽管这样的理由看上去十分合理，却很容易让我们陷入物品过剩的境地之中。事实上，我们不可能准备好所有的物品，也没有这个必要。很多物品可以等到需要使用的时候再去准备，这样，我们的日常生活就会变得轻松很多。

——山下英子

すべてを所有する必要はなく、
また、所有できるものではない

所谓占有欲，就是越拥有越不自由，可以说是非常不可思议的欲求了。它和呼吸、休息、睡眠、饮食、排泄等本能的欲求不同，是属于第二位的欲求，并不是和生命息息相关的。但是，我们为什么会想要占有物品呢？是为了高人一等、缓解不安，还是为了满足感？仔细审视自己家里的物品，自己隐藏的另一个样子就会在心里浮现出来。

——自凝心平

011　生活的库存是人生的负债

闲置物品的结果都是不再使用，不喜欢的衣服的下场都是不会再穿，束之高阁的书籍的结果也都是不会再读。经常抱着“万一哪天会用到”的想法把物品放在家里，结果都是买新的回来。“可能会用到的物品”就是堆积如山的库存，即使还抱着淡淡的期待，却怎么也卖不出去。库存就是负债，就像负债会对经营产生压力，“可能会用到的物品”也会成为经营人生的我们的负担。

——山下英子

库存会产生成本，这是经营的铁则。经营者为了不产生库存滞留，不惜日思夜想、绞尽脑汁，促进销售。我们必须明白，生活的库存也会对经营人生造成沉重的负担，在陷入迷茫之前要勤于思考，然后行动起来。

——自凝心平

012　物品的堆积，就是思维的堆积

感情不顺畅会导致思维滞涩；思维滞涩的话，空间就会堆满物品。我们考虑到物品的价值而把它留在身边，但是，就像排泄对身体来说不可或缺一样，我们的大脑和心灵也需要定时清空。话虽如此，行动起来却不那么简单。所以我们要先从物品开始，丢掉四处堆积的多余物品，如此，真实的想法和感情才能自然流露出来。

——山下英子

如今脑梗死这种“大脑堵塞”的疾病变得越来越普遍。如果说多思造成了脑梗死，那么感情的堆积就会造成“内心堵塞”，也许会造成心肌梗死吧。脑梗死、心肌梗死、细胞无限增殖传代成的癌，是现代社会三大致死病，而“堵塞”和“堆积”则是导致这三种病的原因之一。因此，首先让我们清除掉生活空间里堆积的物品，这也是我们在现代生活中的一种预防医学。

——自凝心平

013 所谓空间，当然是要填满

空荡荡的空间似乎充满了梦想和希望。接下来应该用什么填满这个地方呢？光是想想就让人觉得很开心。然而很多时候，空间最终都是被各种各样的杂物塞得满满当当，曾经的梦想和希望渐渐被消沉和停滞取代。让我们将空间变回最初的模样吧，如果里面不是堆满多余无用的物品，这个空间应该洋溢着让人舒畅的气氛吧。

——山下英子

空間とはすべからく何かで
埋まるようになっている

孩子们在空无一物的空间里任凭想象玩耍，如果给他们玩具这样的“物品”，立刻就会发生争吵。这是因为物品本身有吸引力，加强了孩子们之间的斥力（反作用力），结果就会起争执。充满物品的空间本身就很容易产生精神上的反作用力，这一点我们要谨记。

——自凝心平

014 从充满束缚的空间、封闭的空间，到自由的空间

如果你的家里堆满了闲置物品，你的生活就会被过去束缚。如果你的家里到处都是你不喜欢的物品，你就会时常觉得闷闷不乐。当你的家变成无用之物的栖身场所时，你未来的生活自然不会自由自在。你的家，必须以你为主角，是你自己的自由空间。

——山下英子

如果家里的走廊堆着塞满物品的箱子，每次回家都得侧着身体才能走过去，去洗手间和厨房也必须拨开挡住去路的杂乱物品，久而久之，我们的走路姿势都会受到影响。物品就像一块磁石，会影响我们身体的偏好，这一点须铭记于心。

——自凝心平

第三章

语言

言葉

015 语言的内部包含着“故事”

人的语言里包含了各种各样的背景和故事，因此不能光从字面去理解语言。着眼于背景、侧耳倾听、用心感受才能读懂语言中所包含的故事。由表及里地理解语言也是防止交流障碍的一种手段。

——山下英子

据说在日常生活中，我们每天要用5万个词汇进行思考，其中一部分会以对话或者发送信息的形式展示在外部。因此语言是展示一个人内心世界的端口，越是无意识说出的口头禅，越能表达一个人心中所思所想。

——自凝心平

016 我们要注意
表达是一种不自知的行为

我们对自己如何表达是不自知的，包括喜欢什么样的词汇，有什么样的措辞习惯、说话方式等。这些带有自我色彩的语言习惯是很难改变的，因为它们体现了我们的思维习惯。我们要一直关注自己的语言习惯，为什么呢？因为思维是形成自我的方式，而表达让我们的人生变得丰富多彩起来，这两者应该都处于不断进化之中吧。

——山下英子

有一个词汇叫“言举”[①]，即将话拿出来说，也就是将你脑中的想法转化为可以感知的事物。一个人的措辞体现了自己的人格，也会影响他人对自己的印象。根据一个人选用的表达方式可以定义一个人。因此一个人可以通过自觉地选择表达方式来完善自己的人格。

——自凝心平

① 日语中提及、扬言的意思。

017 寒暄的奇迹

如果你住在一间公寓里，请和电梯里擦肩而过的人说“早上好”“你好”。嘴角洋溢着微笑的寒暄会让人立刻精神起来。寒暄就是以非常简短的语言表达“你也生活在这里呀”，来承认对方的存在。长久以来，我们总被教育不可以在陌生人面前大声说话，但是我总觉得寒暄是日常生活中小小的奇迹。

——山下英子

所谓寒暄，就像是跟对方传达“我发现你咯”这个信息。让我们回想一下小时候玩的捉迷藏游戏，虽然这个游戏最后是不被发现算赢，但是躲起来的人真的没有被发现的话，会觉得很无趣吧。其实这是个希望对方找到自己的游戏，因为我们生而为人，都希望被其他人发现或注视。因此，寒暄最好是从自己开始。人们彼此渴望被对方承认，而寒暄，就是实现人们这种渴望的第一步。

——自凝心平

018 “我回来了”和“欢迎回来”

在生活中，我们常常寻找自己的归宿，不仅是肉身的归宿，还有心灵的归宿。说一声“我回来了”意味着这里是我的归宿，而“欢迎回来”则意味着这里是你的归宿。正是有了这细微的一问一答，归宿被确认和肯定，我们才能安心地度过每一天。

——山下英子

从每天都会说的“我回来了”和“欢迎回来”，可以看出一起生活的人是元气满满还是垂头丧气。正是这“一来一回”，可以让人感受到彼此外部世界的状况和微妙的变化。说一声“我回来了”和“欢迎回来”，是家庭成员之间确认彼此身心是否安康的重要日常习惯。

——自凝心平

019 人有说话习惯，也有聆听习惯

日语中“聞く”“訊く”“聴く”这几个词读法相同，汉字却不同。同样，聆听方式也是多种多样的。我们必须明白，装作认真听的样子实际上完全没有在听，这样的情况在生活中简直如同家常便饭。同样，我们还必须明白，在聆听他人讲话的时候，人们会倾向于听自己想听的东西。可以说在现代社会的交流中，我们必须对这两种情况有所觉悟。

——自凝心平

对着想听他说话的人，听自己想听的内容，我认为这才是聆听的真相。也就是说，所谓聆听，是非常自由、以自我为中心的、不自知的事情。正因如此，我们更有必要注意自己的聆听方式。言语顶撞、话不投机都是因为那些不自知的习惯。而其中最让人觉得失望的习惯就是，自己认为认真听了，其实根本没有听。

——山下英子

020 语言也会有过剩和不足

语言也会有过剩和不足。语言，词不达意则为多余。我们经常会漏说重要的部分，而有时却说了太多没必要说出口的话。这些细微的失误有时候会扰乱人际关系。说一句“不好意思”，可能大家情绪都会平复；而一句“反正就是这样”可能令双方都感到不快。

——山下英子

再来一口、再来一个、顺便买一个、两个都一起买了，我们面对这样的诱惑时总会显得十分软弱。而随后深陷物品过剩的生活，则会导致在关键时刻心门失守，说出不该说的话让对方不快；或者说不到位，没有将自己的想法表达出来。物品数量剧增会导致人心力不足，而一个人如果内心强大，是不需要那么多物品来满足自己的。在日常生活中，内心世界会通过一个人的语言表现出来。

——自凝心平

021 语言的独立性就是人生的独立性

要掌控自己的人生，可以先从语言上来探讨这样的可能性。“我是怎么想的”“我是怎么思考的”“我是什么感觉”，将这种种提问用明确的语言表达出来，是掌控自己人生的重要方法。具有独立性的语言有着明确的主语和词尾，带有主体性的遣词造句会显得责任十分明确，至少不会出现“一般这么认为”“一般这么思考”这种暧昧不明的表达。

——山下英子

我们日常使用的语言大多是第二手的，例如谈论电视里播放的话题，说些关于天气、季节等无关痛痒的事，或是照搬最近看的书，等等。我们要有这样的意识：要学会使用自己的语言，用经过自己深思熟虑的语言来表达，这样的语言起码要占我们所说的话的十分之一，它是我们主宰自己人生的凭据。

——自凝心平

022 拥有说“对不起”的能力也是一种健康

“御免なさい”[1]中的“免”是免疫的“免”，即免除病气，从疾病状态中解脱出来。也就是说，所谓免疫，就是不受疾病的侵扰。日语词汇“免许皆传”就是指获得真传，不受上层的拘束，在某个领域中有自由的立场。“御免なさい”就是将自己置于自由的状态，是一句益于健康的咒语，学会恰当地使用“对不起”这个词是通向健康的捷径。

——自凝心平

---

① 这是“对不起”在日语中的写法。

“谢谢你”是一句可以简单说出口的话，因为说感谢的话的人不需要低三下四；不仅如此，有的时候说“谢谢你”还可以将自己置于较高的地位。但是说“对不起”却没那么简单，因为说这句话等于承认是自己的错，但是很多时候人们又不愿意承认错在自己。因此，“对不起”是需要很大的勇气才能说出的一句话。

——山下英子

023 语言诞生于行走中

人之所以为人，主要特征有三个：会思考、使用语言、直立行走。其中直立行走解放了人类的双手，使人类的视野更加开阔，头部竖起来也让食道和气管发生了复杂的变化，最终使人类获得了语言能力。每个人的行走方式都有着难以察觉的微妙差异，行走方式的差异是导致语言和思考方式不同的原因之一。所以一个人要想改变思考方式，首先要注意到自己的行走方式。

——自凝心平

一边行走一边思考，然后将思考的内容用语言表达出来。我们不可能停止思考，自然也不能不使用语言。为什么？因为我们生活在语言所构造出来的世界里，语言又是由思考衍生出来的。因此，行走，持续行走。所谓行走，就是磨炼思考的过程，也是创造语言的过程。

——山下英子

024 一旦定义一种状况，人就会停止思考

语言像一种限制，像一座城池，又像栅栏。我们平时难以捉摸的思绪一旦用合适的语言表达出来，就会让人觉得很安心。例如我们手上有用不着的东西，想扔掉却又下不了决心。这种感觉就可以用“执念”这个词来表达，这样我们就会产生“是的，就是这样，可是怎么办呢”的想法，实际上还是找不到任何解决办法。虽然只是一件微不足道的小事，但是我们从未尝试从这个限制中挣脱出来。

——山下英子

如果一个人觉得自己贫穷，言行举止就会像个穷人；觉得自己没有自信，就会真的自信不起来。思维方式会塑造一个人，通过潜移默化，最终让人形成一种很难改变的行为模式。用丰富的语言表达自己，自己的存在也会丰富起来；用表面化的语言表达自我，也只能得到一个表面化的自我——不，也只能是一个表面化的存在，连自我都算不上。了解语言、懂得使用丰富多样的语言，是有效预防思考停滞的关键。

——自凝心平

025 所谓语言，就是“个体”和“环境”

所谓语言，就是“个体”和“环境”，是作为“个体”的你创造周围的“环境”的一段重要旅程。一个人掌握更多富于变化的词语，就能和更多的环境产生关联。而且用这样的语言能力来赞赏他人，能给自己创造舒适的环境，也能因此得到良好的回馈。要突出自己的“个体”感，就去赞美你身边的“环境”，语言就是如此使用的。

——自凝心平

所谓语言，就是你的表达，也就是你自己。所谓语言，就是我的表达，也就是我自己。我和你之间为了相互理解，更加深入地了解彼此，需要储备大量的词汇。语言给自己创造出理解的场所和接纳的空间。正因为如此，我们一直想用安慰和鼓励的语言来满足自己。

——山下英子

026 “传达”和“传达到”是有很大差异的

有时候我们尽力去传达一件事情却没有传达到，因为“传达者”和“被传达者”之间有着巨大的差别。我们只是按照自己的意愿向对方传达某种意思，而“传达到”则完全是对方的领域。虽然我们已经尽力去传达自己的意思了，但是对方却不一定能完全按我们所传达的意思来理解，这种思维差异也是人际关系中发生摩擦的一个原因。

——山下英子

「伝える」と「伝わる」は違う

“传达”的主体是我们自己，而“传达到”的主体则是对方和我们之间的关系。“传达”只是单方面的责任，而是否能“传达到”则因人而异，显示的是一种分离的状态。“传达到”形成了相互之间的信赖关系。虽然日语中有一个词语叫作“主客体分离”，但是在考虑事情的时候，主体和客体反而是不能够分离的，语言和与之相应的一切是共生的状态。传达发生误解的时候，正好提供了重新审视平时关系的机会。

——自凝心平

027 语言之前，还有双方的关系

语言是礼貌还是粗野，诚然会影响到人际关系。但是，如果说者和听者的关系不佳，那么无论使用多么优美的语言，也只会沦为虚情假意的敷衍；如果双方关系良好，那即使使用粗野的表达，也能传达自己的意思。因此最重要的是说者自己是否坦诚，这份坦诚是人际关系的基础。

——山下英子

语言是伴随着尊重的。如果说者是自己尊重的人，那么即使是呵斥或者逆耳忠言，也都能够理解、接受；若是缺乏尊重的关系，那么无论使用多么华丽的辞藻，都无法使心灵相通。即使是相同的词语，说者不同，意思也会相应发生改变。对关系不同的人要使用不同的词语，这一点值得我们注意。

——自凝心平

028 真麻烦，真无聊，真没办法

“真麻烦”（面倒くさい）、“真无聊”（つまらない）、“真没办法”（しょうがない）这几个词都是我们平时不愿意使用的负能量词汇。但是若能改变角度，了解这些词语原本的意思，它们就会变成非常灵活的技能词语。“真麻烦”(面倒くさい)日语字面意思是指看见麻烦也觉得没关系。“真无聊”（つまらない)日语字面意思是消除事物中不通的部分。“真没办法”（しょうがない）中，性[①]=让自我消失。在这些词语脱口而出的时候，可以说是一种自我了解的机会，里面释放的信息可以让我们审视现在的自己到底处于怎样的状态。

——山下英子

---

① 在日语中，短语“しょうがない”中的“しょう”和汉字“性”同音。

“真麻烦”“真无聊”“真没办法”……看到这些词语后，让我们来回顾一下它们诞生的历史。日语在形成过程中，会出现这样一种情况：一个词语有多重意思，甚至这些意思有正面也有负面。例如在日语中，“適当に[①]”和“いいかげんに[②]”，语境不同，意思完全不同。由于这些词汇意思暧昧，所以使用起来更需要谨慎。

——自凝心平

① 有适当、适宜的意思，也有随意、胡乱的意思。
② 有适当、恰当、适度的意思，也有适可而止的意思。

第四章

心灵和身体

—心灵篇—

ココロとカラダ

〈ココロ〉

029 是不是觉得“烦恼”能带来某种快感

世界上不存在没有烦恼的人，每个人都会有烦恼的时候。有的人选择轻易倾吐烦恼，也有人选择缄默不语；有的人会一直烦恼下去，也有人则选择及时中断。这样的差异无处不在。人和人对待烦恼之所以有这样的差异，是因为有的人一直停留在烦恼的状态，而有的人则会为了解决问题行动起来。“烦恼”作为一个动词是指一种状态，而作为名词却是指问题。是沉浸在状态中还是去解决问题，这就是差别所在。

——山下英子

「悩み」に快感を覚えていないだろうか

日语中“恼”这个字，左边是竖心旁，右边的一半像是“将头闷在里面”的样子。闷闷不乐、没有出口的状态，不正是烦恼真正的样子吗？但是闷闷不乐有其毒性。烦恼实际上常常伴随着疲惫，为了解决烦恼，我们会想要做点什么，比如和他人见面、交谈，试着客观地对待它。因此，烦恼是你行动的引擎，是让你的人生大放异彩的重要因素。

——自凝心平

030 “身心如一”与“心灵和身体之间的交叉点”

“身心如一”的意思就是心灵和身体不可分割，本来就是一体、重合的东西。但是，不知从何时开始，我们将身体和心灵分离开来，分别对待。因此我们很有必要找出身体和心灵的交叉点，从身体中找出心灵要说的话，从心灵中找到身体要说的话。找到了这个交叉点，你的身体和心灵才能和谐相处。

——山下英子

身体和心灵与其说相互联系，倒不如说相互交织更为恰当。身体通过新陈代谢不断地获得更新。心灵也是一样，每天更新信息，通过“遗忘”这个手段来除去陈旧的信息。心灵和身体存在的方式是一样的，只是维度不同而已。

——自凝心平

031 将幸福可感知化

据说“幸”这个字是模仿人被钉死的样子，我初次听到这个说法时非常震惊。这个语源似乎是指：和这个“幸”相比，任何事情都是幸福的。人被固定起来、剥夺自由是最为不幸的事情。居住的房子、人际关系、工作习惯……细数起来，我们人生中处处不都是这样的钉子吗？所以，唯有用自由意志，拔除日常的钉子，才能将幸福可感知化。

——自凝心平

幸福并不是谁带来的，也不是固有的、需要争取的东西。同样，不幸也并不是因谁而来的、固有的、让人深陷其中的东西。幸福和不幸不是有形的东西，而只是你的感觉。既然幸福只是没有具体形象的幻想，那么很有必要尽一切可能运用我们的想象力。是的，幸福的关键在于如何将它可感知化，并不能指望它在门外等你。

——山下英子

032 带着决心和勇气乐观起来吧！

经常因已经发生的事情后悔不已，因即使发愁也无济于事的事情烦恼不已，因还未发生的事情寝食难安？倘若你总有这些感觉，请乐观一点吧。事实上，一个人是否乐观，完全取决于自己的选择，在于你是否有决心和勇气去改变自己业已形成的思维方式。是的，有意识地行动起来只需要一点点决心和勇气。

——山下英子

楽天的でいよう

ただし覚悟と勇気のある楽天を

有的人能够分析眼前的状况，对比手边收集的各式各样的信息，然后将这些综合起来，对未来做出推测，这样的人我们称之为预言家。只是，综合信息的时候越谨慎，在真正行动起来的时候越会担心情况有变，以致忧心不已。因为这样的人到达未来的道路只有一条，稍有差池就会偏离预定的目标，这是过去著名的企业经营者的共同特点。而有的人则不同。后者与前者的决定性差异在于对推测出来的未来是否乐观。在谨慎的基础上保持乐观，是经营人生的秘诀。

——自凝心平

033 选择相信，不抱期待

相信自己，相信他人，相信世界。因为信任会影响行为，而行为会带来结果。只是，不要去期待那个结果。对自己有所期待、对他人有所期待、对世界有所期待，这只不过是一种傲慢而又自以为是的执念罢了。如果你选择相信，但不再抱有期待，那么宇宙会把意想不到的厚礼送到你眼前。

——山下英子

期待是被动的，而信任是主动的。对于他人和世界，是期待还是信任，会产生很大的不同。信任是伴随着责任的，而期待则不需要。心怀期待，则常有落空的可能。期待和失望之间存在巨大的情感落差，最终直击心胸（心肺机能）。当然，信任也有可能遭受背叛，却能让我们从中学到很多。信任能强化我们的“肚量”（消化机能），培养我们主宰人生的能力。

——自凝心平

034 我们享受美食的同时也吃下了不安

在食物的世界里，我们正处于各种不安之中。一种是来自食物本身的危险性，即环境污染、各种添加剂以及制作过程中的二次污染，我们正在被各种各样远离自然的食物包围。另一种则是饮食方式的问题。营养过剩、高卡路里等引发的健康方面的不安，以及肥胖风险，都是当今热议的焦点。所谓“食”，是尽情体验生命的过程，是将生命和生命连接的过程，因此愉快地享受吃的过程才是最重要的。

——山下英子

吃饭时的心情对消化吸收有着令人意想不到的巨大影响。如果吃饭的时候焦虑，食物就会过快地经过胃，未经充分消化就被运送到肠道。如果吃饭的时候感到不安和恐惧，那么充满食物的胃就无法蠕动，导致食物腐败并引发胃炎。因此，无论是多么新鲜的食材，或是厨艺多么高明的主厨制作的料理，最终决定味道的都是你的情绪。

——自凝心平

035 “珍重自己”最重要的一点就是“愉悦生命”

即使有人对我们说要“珍重自己”“珍重生命”，我们也会困惑到底该怎么做吧？那么“愉悦生命”中的“愉悦”又是什么意思呢？从动物角度来说，是新鲜的空气和各种养分；从社会角度来说，则是与他人之间产生联系，得到他人的承认；从精神角度来说，则是感动和美感。因此，我们要有意识地给自己的生命输送充分的“呼吸、认可、美感”这三种养分，让我们的生命健康愉悦，如此，自己就会“珍重自己”。

——山下英子

「命のごきげん」にスポットを当てることが、

「自分を大切に」すること

不开心是无意识的，而开心是有意识的。有意识地过好今天，意思就是今天要开心。嘴角上扬、唇边挂着笑意、眉目舒展，这样会给周围的人带来好心情，而这样的人就是珍重自己生命的人。相应地，你的健康也会受到周围人对你的反应的影响。你给周围人带来的愉悦感对你自己的生命也产生了巨大的作用。

——自凝心平

036 愤怒 = 行动

如果一个人总是默默忍耐、不采取行动打破现状，他就会变得焦躁。相反，将自己的感情表达出来、诉诸行动，则是“愤怒”。我们可以将愤怒进行包装，适当地表达出来。一旦行动起来，有时就能打开局面、改变现状。焦躁本身并不能改变什么，只会在人的体内慢慢积聚。行动起来，愤怒将得到净化，而忍耐只会加剧焦躁。同一件事情，用不同的方式处理，会对一个人的健康程度产生不同的影响。

——自凝心平

说到人的行动，一个很大的原动力，应该就是愤怒吧。“居然有这种事情，真让人生气。”“那样的事情真是不可饶恕，让人觉得愤怒。”说这样的话时，你是不是能感受到什么？是的，愤怒是一种力量，一种能将这个现实世界变得更好的力量。因此我们没有必要封闭自己的愤怒，也没必要将之当作负面情绪加以压制。唯一的问题是表达愤怒的方式，切不可自以为是地让自己的愤怒波及他人。

——山下英子

037 恐惧 = 勇气

所谓恐惧，对于我们来说有这样一种作用：明确哪些事情是危险的，哪些是安全的。与之相对的，不安感总是含糊不清，以致经常会有一种自己受到威胁的感觉，人有了这样的感觉后通常会希望有人保护自己，而这样的想法又常常会形成依赖心理。这种感觉与认为“有人应该来保护我”的想法以及依赖心理联系在一起。因此说：恐惧是促使我们前行的勇气，而不安则令我们放弃这种勇气。

——自凝心平

也许，恐惧就是爱的证明吧，或者是一种无法和爱割裂的东西。因此，就像爱一个人需要勇气，闯进一个人的心扉也需要勇气一样，恐惧也伴随着勇气。不，不仅是这样，恐惧是检验你爱的程度的试金石。就接受这样的恐惧，带着勇气去爱人，同时被爱吧！

——山下英子

038 悲伤 = 爱

深刻审视自己的感受是发现自我的一种手段，我们来分析一下各种感受所传达的重要意思吧。愤怒，盛怒之后，就会变成理解。恐惧，努力克服，就会化为勇气。越过悲伤，就会产生爱。悲字是“非”下面一个“心”字，而日语中的“愛”是“受”字里面放一个“心”。因此，收到了某个人丢失的心，悲伤就会变成爱。

——自凝心平

悲伤就是爱。失去某物的悲伤、失去某人的悲伤、失去回忆的悲伤，因为对这些物品、这些人、这些回忆倾注了爱，所以失去的时候才觉得悲伤。如果不想受伤就不要去爱，但是这样的人生该多么无趣啊，如此活着是多么乏味啊。用力去爱、彻底地悲伤，才能让我们的灵魂鲜活起来吧。

——山下英子

039 我们忘了“基本”为何物

如今，我们已经忘了“基本”为何物，也不觉得“基本”是很重要的一件事。正因为如此，我们需要重新审视一下自以为熟悉的事物，反复揣摩，就像要将它们刻进身体一样。解决问题的方法通常都蕴藏于“基本”之中，心心念念想得到的重要东西也在“基本”之中。

——山下英子

对于人的身体来说，“基本”就是呼吸和吃饭。但是不会有人去计算人在一天中究竟会呼吸多少次，也不会将消化的蛋白质换算成卡路里，我们在无意识的状态中维持着体内的平衡。但是有的时候我们也要有意识地去深呼吸、仔细地咀嚼，这样就能让我们的身体回到“基本”的状态，不任由无意识完全操控我们的身体。要铭记：维持身体的“基本”是预防疾病最大的秘诀。

——自凝心平

联系

つながり

第五章

040 适当放手，适当保持距离

亲子关系、夫妻关系、兄弟关系，诸如此类能称得上是家庭关系的，往往错综复杂，充满麻烦。为什么呢？因为血浓于水，亲人之间血脉相连，家庭成员之间的相互期待很容易形成操控和依赖的关系。正因为是一家人，在相互信任的同时也要给予彼此适当的空间。正因为是一家人，安心亲密的同时也要保持一定距离。

——山下英子

適度に放っておいて、適度に距離をとる

“亲密关系”是指人与人之间心灵相通，相互信任，能安心地进行情感交流的关系。但是还有一个词比它更为重要，那就是“界限”。在心理上设置界限的意思是，在感情和责任上要明确边界。比如在自己对他人事务过度介入或同情的时候，要想到这个界限。信赖和适度的界限是维持良好人际关系的关键所在。

——自凝心平

041 将人际关系机能化

我们不可能喜欢身边的每一个人，有时甚至会讨厌某个人，但是即便是我们讨厌的人，也还是会有喜欢他们的人存在，就像说到什么样的人是理想的丈夫或妻子，我们讨厌的，未必不是他人欣赏的。也就是说，所谓讨厌的人，我们与其之间的关系是“讨厌的关系”。因此，我们可以试着改变认知的角度，探索关系建立的模式，发掘之前没有的关系性，这就是所谓的将关系机能化。

——山下英子

所谓关系，是一种非常容易固定下来的东西。过去相互之间说过的话，会给彼此的回忆加上时光的滤镜，对关系形成一种束缚。孩子受到双亲的影响，长大成人，而大人们也是同样受到周围环境的影响成长起来的。去掉时光的滤镜，重新发现对方，就有可能改变关系。自发地做出这样的改变，我们称之为关系机能化。

——自凝心平

042 边缘效应

生物仅仅生活在自己的领地（生活领域），是无法进化的，只有在领地周围和其他生物进行交流，才能进化。人类也不例外。我们只有接触其他领域，接触不同的人，并与之进行交流，内心才能够成长。想改变自我，却囿于安全区（自己的领地）内，是很难取得成效的。

——自凝心平

一个人若将自己置身于自我的堡垒中，就不会有任何变化。虽然自己也会被堡垒保护，但是一直保持这样的状态，受到的刺激趋近单一化，总有一天身体会变得迟钝，进而心生厌倦，自我的堡垒最终变成让自己腐朽的牢笼。所以，走出堡垒去看看外面的世界吧！至少试着去呼吸一下不一样的空气，这会让你重新恢复生机勃勃的状态。

——山下英子

043 有时候也要有说“请帮助我”的勇气

对别人说“请帮助我”是需要很大勇气的。为什么呢？因为一个人只有觉得自己值得别人的帮助，在这种自我肯定的前提下，才敢说出寻求帮助的话。而且，倘若是个没有帮助过别人的人，也很难说出这句话。求助和帮助他人的勇气，其根源是相同的。能帮助他人的自己，有被他人帮助的价值的自己，都有自信作为基础。越是自信的人，越能轻松说出“请帮助我”这句话。

——山下英子

不想被瞧不起，不想被看轻，于是不断努力，比别人更加小心和加倍用心工作，因此给人一种非常能干的印象。其实自己呢，一直在能干和说出“请帮我一下”之间苦苦挣扎。最终，怯懦的自我占了上风，还是无法对周围人说出“请帮我一下”“请帮帮忙”这样的话。如果说人为什么会有不足，那是因为人和人之间相互联系着，能够弥补彼此的缺点。真正强大的人是能够坦然面对自己的软弱和缺陷的人。

——自凝心平

044　相遇就是才能

所谓相遇，就是产生共鸣。共鸣现象是指频率相同的物体因共振发出声音。如果每个人都有自己与生俱来擅长的频率（真正喜欢的事情和才能），在这个领域和某个人相遇，就会产生强烈的共鸣，而这种共鸣会变成改变自己人生的力量。有的时候这样的相遇会激发我们的才能，成就我们的人生，同时让人生变得丰富多彩。

——自凝心平

出逢いは才能

我们的一生，遇见的人在很大程度上决定了我们的命运，遇见的人不一样，命运也会有所不同。尤其是遇到很多促使你觉醒的人时，你就能打破你自身的局限，同时自身开始孕育改变自我的力量。是的，一个人会因为相遇而不断地蜕变，最终成长为有用之材。

——山下英子

045 我们通过他人来了解自己

我们经常会苦恼于思索“我是谁”，在自我探索的道路上迷茫不已。但是，自我也只是限于某时某地的自己而已。为什么呢？因为所谓“自我”，随着场合不同、遇到的人不同，都会发生变化。也就是说，我们通过他人来了解自己：和善的自己、难缠的自己、优雅的自己、粗俗的自己……以此让自己多加注意，才能让自我不断完善、成长起来。

——山下英子

试着想象一下，如果世界上只剩你一个人，那么你最为困惑的就是“不知道自己是谁”了吧？当然，也可能在这个只有自己的世界，并不会产生这样的疑问。事实是我们生活的世界并不是只有自己，我们通常还是经由将自己和他人对比发现了差异，才有了“我是我自己”这样的认识。也就是说，在无数次的相遇中，大家都是为了认识自己才来到这个世界上的啊。

——自凝心平

046 没有相遇的人只是选择了没有相遇的人生

当你想买某一款车的时候，你会发现满大街都是这款车，这是因为你的注意力被这款车吸引了，这个现象在心理学上被称为“色彩浴”（color bath）[①]。人用意识作为滤镜来看世界，而一个人如果对某件东西抱有强烈的意识，那么大脑就会有在世界中寻找这件东西的倾向。“没有钱，没有好运气，没有相遇……”如果你觉得自己的世界都是和“没有”挂钩的，那其实是你自己选择了这样的世界。相遇并非从天而降，

---

① 色彩浴（color bath）：心理学名词，意思是选定某一主题颜色后，重新观察周边与主题颜色相关的任何事物，目的在于将注目的焦点放在异于平时的细节或事物上，扩大新发现的范围。

「出逢いがない」という人は、
出逢いがない人生を選択しているにすぎない

是要自己去寻找的。自己主观上有这样的意识，并且行动起来，现实肯定会发生变化。

——自凝心平

一直在原地等待是等不到相遇的，话虽如此，但相遇也是无法强求的，纵然四处奔走、到处找寻，也经常是求而不得。相遇，有时出现得让你感觉突然，有时则给你带来意外的惊喜。因此，如果抓住这种机遇会怎么样呢？所谓相遇，是用一种伟大的力量来计量的，那我们如何才能拥有这种伟大的力量呢？至少，靠傲慢和懈怠是肯定不行的。

——山下英子

047

“人在一生中一定会遇见应该遇见的人，而且既不会早一秒，也不会晚一秒。”

森信三先生的这句话很多人都应该听过，但是知道这句话的下一句的人可能寥寥无几，即“缘不求即不生”。内在没有渴望的心，即使此人就在眼前，缘亦无从谈起。我们每天会有各式各样的相遇，但若无视自己内心的欲望，很可能就会错过非常重要的相遇。最重要的机会往往藏在我们心里。

——山下英子

「人間は一生のうち逢うべき人には必ず逢える
しかも一瞬早過ぎず、一瞬遅すぎない時に」

俗话说，弟子准备好了，师父就会出现。我们对自己所求之物朝思夜想，不断追求，这种思维的磁场就会在我们周围强烈地辐射开来。自己形成这股磁场，就能吸引和自己产生共鸣的事物。去除对自己来说不必要的事物，加深对自己的考察和了解，才能提升相遇的质量。

——自凝心平

第六章

意识

意識

048 从无意识到审美意识

“匆匆忙忙地”“暂时地”“一股脑儿地”，这是我们平时接收事物、处理事物的特点。我们眼前是这样一种光景：所有事物都未经挑选，都非常不起眼，慢慢地被埋没。这是一个黯淡无光的世界，正因如此，一切都是无意识、不自觉的。让我们将多余的事物都一起放手，将不需要的都从身边拿走。不断重复这样的行为，才能培养自己的审美意识。

——山下英子

所谓意识，是产生于近代的心理学概念，在无意识中将自觉的领域称为意识。在人的内心之中，意识和无意识是对立统一的。但是，意识和无意识又是连续不断的，在无意识的广阔海洋中，提取出来的优质部分才是意识，而在意识的领域中再次进行提纯才产生了审美意识。在我们每天的意识中，产生审美意识这样的结晶，这一定是关于对你来说很重要的人的记忆吧。

——自凝心平

049 我的人生由“我自己”来创造

有的人天生总有好运气，常常走运，生活中确实是有这种现象存在的，但是我们也不能轻视周围的环境和人给我们带来的影响。自己的人生，说到底只能是自己选择和决断的结果，你现在所处的空间和状态也是自身经过选择后行动的结果。身边的事物如何取舍，也由你自己来决定。意识到这一点，人生才会慢慢掌控在你自己手里。

——山下英子

自分の人生は、「わたし」がつくっている

“都是因为你，我觉得很焦躁。”“都是因为你，我感到很失望。”“都是因为你，我感到很不安。”这样的情感席卷社会，通常会出现这样的情况：我们遇到事情时，总想归咎于他人。尽管如此，人还是要对自己的情感负责，因为那既不是周遭环境的责任，也不是社会的责任，更不是周围人的责任。学会接纳自我，正确处理自己的情绪、情感。有了这样的认识，你的人生才会真正属于你自己。

——自凝心平

050 世界由“你”来创造

归根结底，我们不可能了解整个世界，每个人都只是通过自己的滤镜，截取世界的一小部分。如果我们总是将目光投向不安，那么人生也会不安吧。相反，如果我们将目光投向幸福，也许能因此将自己和幸福的事情相连接，创造出幸福的人生。人生其实就像将所见之物的片段组合起来的动画片一样，通过瞬间的选择，创造自己的人生。

——自凝心平

我们通常用自己喜欢的方式来看待世界，只看自己想看到的东西。因此，我们很有必要尽可能地来验证自己“想看到的”方式。我们可以仔细地分析自己的错觉和深信不疑的东西。当然，无论在哪儿，这都是一个反复重复的过程，但是在这个过程中，我们的视角会发生变化。

——山下英子

051 我们是住在“意识”之中的意识居民

并不是意识存在于我们的身体之中，而是我们住在意识里。因此，相同意识中的居民频繁相遇是件很自然的事情。举个例子，如果我们搬家的话，肯定会和转居地的人增加很多密切来往的机会。居民之间因为意识相同而联系起来，这就构成了相遇，而相遇则很有可能带来好运。因此，我们要常常将意识高度化、广阔化、透明化。

——山下英子

世界广阔浩大，我们每个人都可以从中截取一部分来作为自己认识的世界，这就意味着：我们是生活在自己的意识之中，在自己的认知和理解范畴中形成对世界这个概念的理解的。而认知和理解的深度影响了我们的人际选择。因此，你的世界是怎样的，取决于你选择和什么样的人来往。

——自凝心平

052 一切都是因为无觉察性

我们身边的物品在不知不觉间慢慢增多，周围的空间逐渐变得拥挤逼仄。而我们被过多物品包围的时候，会很难注意到自己究竟缺什么，这是无觉察性的一个证据。这种现象不仅局限于物品，在信息处理和人际关系方面也是一样，过剩的物品和爆炸的信息会渐渐影响我们的人际交往。为什么呢？因为我们在过剩的状态下很难掌握应对复杂状况的本领。

——山下英子

我们的心脏一天跳动 8 万到 10 万次，每天呼吸 2 万到 2.5 万次，每天思考 5 万到 8 万次，就连思考本身都是在无意识的情况下进行的。身体和心灵的自动运转是非常便利且轻松的。只是这种无意识本身是为了确保安全，所以今天是昨天的简单复制，人不会选择去冒险。不需要觉察就能进行，所以很安全，同时也很陈腐。想要创造自己的意识，必须选择冒险，选择做和昨天不一样的自己。

——自凝心平

053 我们要充分思考

我们常常对需要深思熟虑的事情不假思索，却对不需思考的事情左思右想。比如，我们总会不停地回想已经结束的事情，不断想着还未发生的事情，乐此不疲。同时，我们非常擅长停止思考，常常用十分浅显的语言来阻止思考。为什么自己总是使用这样的语言？如果不使用这样的语言，可以用其他什么语言来替代呢？所以说，保持思考和语言的新陈代谢是十分有必要的。

——山下英子

在呼吸法中，吐气时气息快要中断之前再吐一口气就算另一次呼吸。有的时候，你觉得已经到极限了，这时再行一步，就这一步，就能扩充你的能量。所以，下次挑战来临的时候，勇敢跨出去吧。思考的时候也是一样，你不停地想着“已经不能再继续”的时候，恰恰是极好的突破机会。在思考之后再行一步，是让你的大脑保持活力的方法。

——自凝心平

054 我们可以成为任何人

我们都希望别人觉得自己是“特别的存在”，同时我们自己也是如此期望。希望自己不可取代是自然的欲求。但是也有一些自我意识过剩的人，在周围到处倾洒自己的痛苦。现在的你也许已经被归为某一类人，事实上，你自出生时起就是独一无二的存在，你所做的一切只是为了彻底地活出自己。

——山下英子

我们的身体都是从一个细胞开始成长的，细胞不停地进行分裂，有的组成消化系统，有的组成泌尿系统，也有的承担起支撑足部的功能，这在生物学上称作“分化”。就像细胞决定自己成为怎样的细胞一样，“我就是我”这样的决心将我们推上适合自己的人生舞台。在这个舞台上，适合你的相遇已经准备好，让你大显身手的场地也已经设定好。这样的决心里包含了一种力量，能够证明你独一无二。

——自凝心平

055 欲望是生命的原动力

欲望是能量，同时也是引擎。我们每天都是燃烧着欲望在人生的道路上前行的，因此我们也没有必要简单地否定欲望。只是，能量过多，会成为负担；引擎太强，也会难以操控。就像驾驶翻斗车或者 F1 赛车都需要高超娴熟的技能，没有一定的决心和勇气是无法驾驭欲望的。

——山下英子

经常有人说要舍弃欲望，但是没有欲望的生命是无法正常运转的。也经常有人说要舍弃压力，但是完全没有压力的状态会削弱生命力。在合气道中，取胜的关键并不是封堵对方的力量，而是将其转为己用。因此无须否定欲望和压力，而应学会和它们相处，将其变为人生的旅伴，这才是更好的办法。只有找到和欲望、压力和谐相处的方法的人，才能品尝到人生的醍醐之味吧。

——自凝心平

056 我们绝不会两次出现在同一个地方

地球围绕着太阳公转，看起来是沿着水平方向旋转，事实上并非如此，它环绕太阳旋转的轨迹是螺旋形的。我们细胞中的 DNA 也是螺旋状的，向日葵籽在盘上的排列也呈螺旋状。无论是宇宙、生命还是时空，都是螺旋状，万物螺旋状的流派自此建立。

——自凝心平

“我总是在同一个地方。”如果你有这样的想法，很遗憾，可以说并不正确。在我们存在的场所之外，还有更大的时空概念。时间在一刻不停地发生变化，如果无法意识到这一点，你最终会被留在陌生的地方。这就好像一个人面前一直是相同的景色，正如眼睛被蒙起来生活。

——山下英子

057 人体是个自我运转的系统

我们的身体每天都在进行新陈代谢，蛋白质每天大约更新 3%，而脂肪细胞和里面的中性粒细胞也每天都会更新。我们的身体，每天都在重建。健康每天都在反映我们的心灵，同时也在进行创造。因此健康并不是靠维持，而是靠每天的创造。

——自凝心平

我们的身体以这样的机制在运转：你在思考关于谁的事情、想念着谁、想说谁的坏话、想要夸奖谁，这一切都是你自身自然的反应，是无须多说的事实。正如你遇见境遇悲惨的人时会不知不觉地流下泪水，看到别人因为某事开心时也会不由自主地露出微笑，都是身体自发的反应。

——山下英子

058 人际关系的构造

回顾人类的发展史，有一种学说认为：在人类群体规模扩大的过程中，伴随着“忍耐”，而正是这种忍耐让人类发展出“社会性”，可以说，人是“懂得忍耐的猴子”。与此同时发展起来的，是人和人之间关系的处理方式。“人际关系”作为发展性群体无法回避的问题，使人类的大脑有了飞跃性的发展。

——自凝心平

日语中的“间”，指的是关系性。日语中有个词语叫“间合”，意思就是间隔合适、距离恰当。就像这个词语所表达的一样，人和人之间要创造更好的关系，需要时间的“间”，即时机；还需要空间的“间”，即距离。快速把握好这个时间和空间的度是很有必要的，把握不准，和他人的关系容易产生隔阂，或者可能直接就破裂了。和他人保持适当的距离，给自己创造良好的人际关系，是把握人生的必经之路。

——山下英子

059 没有时间，没有金钱，没有自信

在这个世界上，有充裕的时间、足够的金钱而且充满自信的人应该是不存在的吧。一个人能够幸运地拥有上述三种特质应该是格外被世界偏爱的吧，抑或那只是他本人的错觉。我们每个人在各式各样的舞台上总会有苦于缺少某物的时候。但是，人和人之间的差异也是巨大的，是以匮乏作为借口逃避，还是理解这种匮乏而后行动起来，你会选择哪一种呢?

——山下英子

時間がない。お金がない。自信がない

“没有信心，没有信心啊”，即使平时自信满满的人也会说出这样的话。“没有时间”“没有钱”，也是常听到的表达。为什么有的人会理直气壮地说出这种话呢？“没有……”这样的话里面暗含着“我实在是不堪他人的评价，我无法回应对方和社会的期待”这种潜意识的声音。理解话语暗含的意思，注意到这种“咒语”的束缚，我们的心灵才能真正开始迈向自由。

——自凝心平

060 衰老并非指时间的“长度”

我们感觉充实的时候，会觉得时间格外短暂；而我们感觉无聊时，时间就会漫长起来。所谓时间，并不单纯靠物理上的计量单位显示长短，对我们人类来说，感知到的时间长短是由我们的状态决定的。也就是说，物理时间上的“老了”，会因度过时间的方式不同而导致不同的结果，即你的生活习惯和思考习惯决定了你会发生什么样的变化。因此，不要将衰老单纯地归结为年龄问题。

——山下英子

热力学中有一个词叫“熵”，简单来说就是有秩序的东西逐渐崩坏（无秩序化）。皮肤越来越没有弹性、内脏下垂、骨质疏松都是因为熵在增大。但是人类拥有的“意识”含有阻止熵增大的力量。每个人都拥有同样的时间，创造性地度过这些时间，并阻止衰老这个熵，我们每个人都有机会。

——自凝心平

061 今天比昨天多冒险一点点

我们的大脑如果没有意识的参与，就会有让人重复每一天的生活的倾向。而如果大脑突然发生混乱，为了追求秩序，它会倾向于使用之前没有用过的思维方式，反而有机会产生耀眼的才华、绝妙的主意和个人觉醒。让大脑保持适度混乱的秘诀就是经常向自己提问，这样才能将自己领入冒险的大门。

——自凝心平

今天和昨天一模一样，真是无聊！当然，重复昨天的今天能够避免麻烦。今天和昨天一模一样，真是无趣！当然，一直这样继续下去能够避免发生多余的事情，虽然不够勇敢，却能够保护自己。但是，如此下去自己也会逐渐萎靡。尝试做一些没做过的事情吧！小小的冒险能让人重新尝到心脏紧张得扑通扑通跳的滋味，能让人重展笑颜。

——山下英子

062 俯瞰的力量

所谓俯瞰的力量，就是以较高视角纵观全局的能力。我们平时很容易不自觉地像近视一样来判断事物的优劣、正误和善恶。然而，将视角提高试试，就会发现曾经觉得对立的概念其实并没有什么意义。为什么呢？因为对立的事物上升到抽象的范畴就会变成同类。例如对立的夫妻，实际上并非互相仇视的敌人，而是拼命想得到对方的理解却又各自寂寞的同居男女。

——山下英子

当我们将自己的关注点放在问题内部时，能在这个范围内找到解决方法的机会很少。这个时候，我们不妨换个角度看问题，提高视角，超然于问题之外，用俯瞰的角度去看，就会豁然开朗，发现原来到处是解决问题的方法，然后从中得到该从哪里入手的启示。

——自凝心平

063 “客观”和“俯瞰”的区别

著名的京都龙安寺石庭沙园，看照片也能感受到它的无限风情，但是如此和亲临现场感受实物仍是没法相比的。客观地从照片、电视或电脑上看到画面的美，和自己亲眼看到实物的美之间有差异，是“场”[①]在起作用。客观和主观相结合，感受到的风景称为主客不分离，这时自己也成为风景的一部分。在风景里面感受风景，这就是俯瞰力。

——自凝心平

① 心理学上指知觉范围，意识里的现实内容、场面，包括生物（特别是人）及其环境的整体。

客观是冷冰冰的，而俯瞰是有温度的，这样的观点也许让人有些惊讶。所谓客观，是“与我无关”，把自己放在无关的位置，是一个很疏离的视角。而俯瞰则是自己作为当事者向下看，有的时候还能看到自己作为当事者的样子。作为当事者的自己的角度，和作为旁观者的另一个自己的角度，这两种角度结合起来，可以将你的理解度和接受度起码提高两倍。

——山下英子

心灵和身体

- 身体篇 -

第七章

ココロとカラダ

〈カラダ〉

064 迷惘的时候，试着听听身体的声音

地球已经存在46亿年，生物的历史也有30多亿年了，历经30多亿年的积累所形成的身体构造是不会出错的。虽然身体不会出错，但是我们的生活方式常常会出现问题。所以，一旦觉得自己哪里不对劲，有必要仔细倾听身体发出的声音。在这一生中，只有你的身体从最初一直陪你到最后；也只有身体，才是你最好的修正者。

——自凝心平

我们的身体是不会说谎的，也不会编造谎言。身体是正直的、坦率的，它会通过情绪来表达自己，也会将你企图隐藏的情绪表现出来。最重要的是，无论何时何地，身体都是你最好的伙伴。因此，迷惘的时候，悄悄地问一下自己的身体吧。当身体做出肯定回答的时候，心中不再郁闷难受，心结也会渐渐消失，这样的感觉你自己一定也很了解。

——山下英子

065 最好的疗愈方式在日常生活中

疾病、纠纷、烦恼发生的原因通常都在我们的日常生活中，而我们经常不自觉地在非日常中寻求答案。生活习惯的改善、生活方式的调整、日常的整理，本身都是最有效果、最为基本的疗愈方法。这比任何从外部实施的吃药、医治、指导都更有效果。

——自凝心平

厨房是你的药房，食物就是你的药；卧室是你的医院，床就是你的病床。试着这样想一下，你就是最熟知自己的日常生活、最让自己安心的主治医生和药剂师，你每日细心照顾自己，是与自己最为亲密的护士，这样无与伦比的医疗团队提供的服务比任何治疗手段都有效吧。

——山下英子

066 身体出现的症状都是有意义的

自然法则的原理之一就是“能量守恒定律”。某一部分的能量增加的话，在另一个地方必定有等量的能量减少，能量总量保持不变。如果这个规律同样适用于人体的话，那么疾病和症状的能量肯定也内含某种转换的意思，我们不妨来思考一下，疾病究竟由何种能量转换而来，这种能量本来应该被用在什么地方。

——自凝心平

疾病的症状通常十分痛苦，所以我们会想要抑制它、无视它，使自己振作起来。事实上，这些症状的作用通常都是燃烧身体中的滞留物，疏通淤积，把多余的东西排出体外，如此自然会带来痛苦。因此，为避免痛苦，时常注意不让自己的身体堆积废物是十分必要的。

——山下英子

067 3 小时治好感冒

很久以前，我的中医学老师和我讲过这么一句话：“3 小时治好感冒。”这句话的意思是，抓住感冒初期症状明显之前这段时间，提早养生。感冒之前，我们对自己身体的变化会十分敏感。感冒会让我们的身体变得柔软，起到自然净化的作用。在现代生活中，无论是信息还是物品，都容易堆积，可以说我们处在一个容易堆积的环境里。感冒是一种排出身体堆积的毒素、保持健康的方法，但是尽可能早一点让感冒症状变轻才是真正的本领。

——自凝心平

“野口推拿”创始者野口晴哉在他的著作《感冒的妙用》一书中曾经提到过这样一种学说：一定要让感冒“发出来”，不应该抑制感冒的症状，只有这样才能真正治愈感冒。感冒在“发出来”的过程中才能修复身体中的毛病，感冒本身就是一种促使身体复原的自然机制。因此，不感冒的话，这样的机制要怎样才能发挥作用呢？

——山下英子

068 细胞也在做选择判断

你的身体状况是自己做出选择判断的结果，你选择的食物的质和量决定了你有怎样的身体；你的思想状况也是自己做出选择判断的结果，你选择接收的信息的内容、数量和质量决定了你有什么样的思想。也就是说，你现在的人生是你经过不断选择的结果，这些选择都是自主性行为，因此，对自己的人生一定要负责啊。

——山下英子

众所周知，诱导多能干细胞（iPS 细胞）使人体干细胞的发展有了无限可能性。每一个细胞都内含无数选项，只是要将这种可能性变为现实，就连细胞都必须做出自己的“决断”。比如在数目众多的细胞中，肝脏细胞选择组成肝脏，肝脏才得以形成。我们每天也都在做这样的决定，“今天”的可能性有很多，是你的决定让它在现实中有了具体的模样。

——自凝心平

069 我们活在 0.1 秒后的世界

视觉信息传播是指视觉信号透过视网膜，传递到大脑皮层进行加工处理，再形成画面。这个处理过程大约需要 0.1 秒，也就是说，我们对现实世界中发生的各种现象的认知总会延迟 0.1 秒。在这个时间差里，大脑将现在看到的物品和现象与过去见过的画面所形成的数据库进行对照，以此来进行认知。因此，如果我们过于依赖视觉，就无法在正确的时间认识这个世界。

——自凝心平

在这0.1秒的间隙里，我们会采用对自己有益的看法来看待事物，将事实以自己喜欢的方式呈现在眼前。但是这种“喜欢的方式”并不都是积极的，有的时候消极的见解更符合自己的喜好。如此想来，乐观主义者和悲观主义者其实只是按照自己的喜好活着而已。

——山下英子

070 大气创造了我们的呼吸

呼吸就是生物和大气进行气体交换，一切生物在呼气的时候，体内的信息随着呼出的气体又回到大气中，形成了地球上的空气。因此，大气就像是一种“无意识的集合”，里面塞满了地球上所有生命的信息。然后，我们通过吸入的气体，从信息的大洋中选出对自己有用的部分。因此，呼气就是将自己和世界相连接，而吸气则是分出自己的领域。所谓呼吸，其实是一种十分富有生气的关系交换。

——自凝心平

我们是和呼吸共存的，吸入的气体和呼出的气体将我们的生命联系在一起，同时滋养着我们的生命。吸入的气体是自己给生命采集的信息，而呼出的气体则是自己向周围其他所有的生命发出的信息，呼吸让我们的人生相互交织，是不可估量的生命交换。因此在大气中，充满了我们的祈祷、心愿还有希望。

——山下英子

071　叹息让生命枯萎

如果你身边有人发出一声声叹息，你会是什么心情呢？如果这个人是你十分重要的朋友呢？叹息令人坐立不安、无法定心，叹息意味着担心、不安、焦急和烦躁，让人觉得不幸会悄悄降临。因此，我们需要注意在自己的日常生活中、在自己的家里，不要变成一个时常叹息的人。

——山下英子

所谓叹息，就是“积存的气息”，是积压下来的凝滞不通的气息。发出叹息之前，犹豫和困惑，忍耐和不满，以及放弃的心，会一瞬间堆积在呼吸中。流畅的呼吸是健康的证明，呼出的峰值和吸入的峰值交替出现，呼吸能够顺畅进行，说明身体在正常运转。无论何事，堆积总是无益，家中的物品是这样，人的呼吸也是这样。

——自凝心平

072 心跳创造时间，呼吸创造空间

你的心跳，昼夜不止，形成了你自己独有的节奏。地球上所有生命的节奏彼此回响，于是，就产生了“时间”。想象一下呼吸融进空气中的景象，呼出的气体进入了大气层，地球上所有的生命都呼出各自体内的小宇宙，融合在一起创造出地球的空间。我们用自己的呼吸和心跳，创造着时间和空间，形成时空这个坐标轴。

——自凝心平

鼓動が時間をつくり、呼吸が空間をつくる

心跳能反映时间概念，它既会不停地催促你，让你十分焦急，也会让你不慌不忙，安静下来。而呼吸则能反映空间概念，它能让你觉得喘不上气，感到苦闷，也能让你心情舒畅，轻松愉悦。无论如何，人都要时刻注意保持心跳和呼吸的平衡，这样我们才能成为时间和空间的主人。

——山下英子

073 “谢谢款待”和“我开动了”

“我开动了”是人在吃饭时表达对其他动植物的感谢和祈祷的句子，但是在现代社会，加工后的速食食品已经让人看不出作为食材的动植物原本的模样。在餐桌上，人们对逝去的生命的感激之情也渐渐消失，无论是谁都无法从塑料包装的食物中感受到生命的气息吧。因此“我开动了”也沦为饭桌上一句习惯用语。“谢谢款待”也是一样，如今的食物充满过剩和浪费的状况，也很难回到以前健康的状态吧。

——山下英子

“谢谢款待[1]”中的“馳走”（日文），就如字面所说，指的是主人为了招待客人，四处疾驰奔走，花费时间进行准备。而饭前所说的“我开动了”，则是为了表达对成为食材的那些生命的感激之情，同时也表达了对准备了这些食物的主人的感谢。正是因为这样的感激之情，我们的消化才变得更为顺畅。

——自凝心平

① 日文为“ご馳走様”。

074　生活习惯病就是生活过剩病

仔细想来，我们所谓的现代病大部分都和“过剩”有关——吃得太多、喝得太多、呼吸太多（呼吸频率过高和呼吸过浅，身体变得紧张起来），还有处理过多信息带来的心理压力。癌字的写法可以理解成：病字头下面，物品堆成山，可以说，这是过剩所引发的问题的代表了。很多现代病和身体不协调有关，而不协调多是因为过剩，所以说我们整体的生活方式都应该简单化。

——自凝心平

“生活过剩病”就像字面所说，是我们的生活空间得了过剩的病。家患了病，会有这样的症状——“无论怎么收拾，都收拾不完”。物品超出收纳空间，还只是轻微症状；物品越多，症状越重——家中四处塞满物品，可以算是重症了。根本原因还是我们的生活中有过多的物品。只有清理掉这些过剩、多余的物品，才能治愈“空间之病”。

——山下英子

075 生活习惯病就是生活无意识病

据说人的身体90%以上都在“无意识”的领域，这是人体的历史，是我们从双亲、先祖那里继承来的，是人类的共通点，是由深切的记忆形成的，在生物学中称这样的历史为DNA。身体会遵从记忆也就是无意识的指挥，进行活动。可以说，一个人身上表现出来的习惯就是他无意识领域的信息。在平常的生活中，一个人自己意识不到的行为和习惯，既可以让我们从中一窥他的无意识领域，也可以告诉我们人体生病的真正原因。

——自凝心平

在生活中，我们知道很多物品是多余的，不会再使用，却对这个事实毫无察觉。我们没有考虑过自己以前为什么要买这些物品，也没有想过继续持有这些物品的意义，于是这些在不知不觉中堆积起来的物品不断地侵占我们的生活空间，这可以说是“生活无意识病”的典型症状。也就是说，我们在不知不觉中让自己的身体和居住空间都患上了疾病。

——山下英子

076 生活习惯病就是沟通障碍病

如果你觉得乱七八糟的物品已经妨碍到你，这就很好地证明了你和物品之间的关系是有问题的，即便这些物品原本是因为你的需求才来到你身边；没有收拾干净的空间让人觉得焦躁，也是你和居住空间的关系受到损害的证据，居住空间应该是能为你带来健康和安全感的地方。因此可以说，物品和居住空间与我们之间产生了沟通障碍的原因是：无意识地生活及物品的堆积。

——山下英子

对于现代人来说，是否擅长沟通会直接影响到健康——在医疗机构就诊，是否能将自己的病情准确地描述给医生？在职场感受到压力，是否能将此适宜地传达给上司和同事？想要提高沟通的质量，就要下决心对自己的人际关系进行整理，将与对自己来说很重要的人的关系排在优先位置，减少影响沟通质量的因素。

——自凝心平

077 五脏的疲倦让人变得“钝感”

肝、心、脾、肺、肾，人体这5个部位被称为五脏。如果一个人的五脏十分健康，他就不容易罹患重病。五脏调和，会让人即使老去也不会疾病缠身，只是健康地自然衰老；五脏疲倦，会让人产生痛感和疲劳感，而这两种感觉会钝化我们的感受力，损耗我们的感觉器官，让我们对世界不再产生新鲜感。

——自凝心平

所谓钝感，就是让人停止思考、感觉麻痹、感受力变差的状态，这样的状态只会让人越来越迟钝。在某种程度上，钝感对人也有保护作用，它可以让你不受过剩刺激的影响。在现代社会，物品、信息、人际关系全面过剩，置身于这样的环境中，钝感可以让我们免于过度疲惫。但是过度的钝感会轻而易举地摧毁我们的健康，损害我们的人际关系，幸福自然也会离我们而去。

——山下英子

078 很多人想改变自我，其实变化每天都在发生

身体内外，万物流转，任何事物都不会保持绝对的稳定性。在身体内部，这样的变化被称作“新陈代谢”；在身体外部，则谓之“诸行无常”。有很多人总想下决心改变自己，但是这些人里的大部分却无法捕捉到世事的变迁。变化才是真理，如果你总觉得什么事都“一成不变”，那就应该仔细思考是不是自己停滞不前了。

——自凝心平

自分を変えたいという人は多いが、
変化は日々、起きている

有的人对巨大的变化憧憬不已，期待自己身上发生剧变；也有人讨厌巨大的变化，对此惊惧不已。其实我们每个人一直都处于微小的不断变化中。如果我们期待自己身上发生变化，那就很有必要注意到自己身上已经发生的变化；如果不能接受自己身上的变化，就要有始终保持逆风前进的决心。

——山下英子

079 所谓消化就是溶解，所谓理解就是原谅

我们身体的消化道内每天都在分泌溶解食物的消化液，例如唾液、胃液、胆汁、胰液、肠液等，各种液体加起来竟然能达到7～8升。如果没有这些消化液，无论多么美味的食物都无法被溶解，无法被人体消化吸收。所以，吃这个行为就是先溶解，之后再融为一体，最后随着体液流走。因此，如果你有什么无法释怀的事情，带着糟糕的心情吃饭，吃下去的食物也会变得难以溶解，消化吸收就会受阻。

——自凝心平

即使是大块的坚硬物体，经过溶化、分解也会变得柔软；同理，无论多么艰深、难以理解的事情，将其分解，让理解不断加深的话，接受和容纳也会变得容易得多。我们的身体每天不眠不休，不停地在进行消化吸收这一动作，那么心灵肯定也能做到吧——深入分析、仔细理解和周围人的关系，也许也是件有趣的事。

——山下英子

第八章

相似象

相似象

080 将日常当作自己的东西

我们每天的生活普通而平凡，日复一日，这样的日常，会让人心生无趣之感。但是正是有了眼前普通的日常，我们的生活和人生才能成立，这是不可否定的。所谓日常，就像房子的地基一样，平时是看不见摸不着的，只有被白蚁侵蚀的时候才会受到关注。我们很有必要不断审视生活本身，回归日常之中。

——山下英子

无论是谁，在某个时间点都会有逃离日常的念头吧。但是我们不要忘了，无论是旅行、冒险还是精神上的挑战，之后都得有一个能够回去的地方，在这样的基础上“逃离”才能成立。而所谓能够回去的地方，就是日常，包括我们的身体、心灵、人际关系、生活、家庭、事业等，可以说日常构成了我们所拥有的一切的整体状态。人虽然会有脱离日常生活的时刻，但是也要理解日常才是我们的生活本身。

——自凝心平

081 倾听生命

我们吃过的食物、见过的风景、听到的故事、想象出来的画面、说过的话、听过的话、和很多人相遇又告别……再进一步，父母的经历、爷爷奶奶的经历、我们的祖祖辈辈积累的经历，这所有的一切交织在一起的场所，就是生命。我们自出生那一刻开始，就拥有了这个巨大的经验宝库。让我们试着将双手紧紧贴在胸前，来倾听生命想说的话吧，也许在那里你会发现真正的自我。

——山下英子

我们通常在困难和危急的时刻才会对自己坦诚，只有在必须做出重大决定的时候，才肯老老实实面对自我。确实，人要做到对自己坦诚不是件容易的事情，为什么呢？因为我们总是优先考虑自己身上的“社会责任”。事实上，“倾听生命”才是将自己的生命放在第一位。因此我们要记得，在做重要选择或决定的时候，要将自己的生命之声作为首要基准，如果连这都无法做到，承担对社会的责任便无从谈起。

——自凝心平

082 忍受只是自我怠慢而已

很多时候，我们遇到事情都会选择“只要我忍一忍就可以了”的解决方法。其实，这样的想法只是一种借口，它掩盖了我们对行动充满畏惧的事实，而让我们沉醉在“忍耐是一种美德”的错觉中。真正的忍耐在我们脚踏实地解决问题的行动中，在我们不断进行尝试的时间中。总是让自己沉浸在被害者意识之中，只会荒废自己的人生，这其实也是对自己的一种怠慢。

——山下英子

佛教所言的烦恼中有七慢，谓之：慢、过慢、慢过慢、我慢、增上慢、卑慢、邪慢。所谓慢，就是在和他人的比较中，自己内心产生的傲慢，可以说这是烦恼的根本。在这个意义上，其实自大和忍受并无太大分别，只是自大常用来彰显于外，而忍受则被用来隐藏内心的东西，事实上可以将这两者理解为同一个意思。

——自凝心平

083 部分即整体

佛曰“身心一如”“物心一如”“物我一体”“相及相入”。“有形的物质”和“无形的物质”是一体的，这样的世界观也许是来自宇宙的信息，“部分即整体”也是一样。你眼前呈现出来的物质世界，表现出了你某个层面的精神意识，同时，贯穿于整个宇宙的意识，也能体现在仅属于你的部分物质上面。因此，在我们目之所及之处，保持物品和空间的整洁有很大意义。

——山下英子

中医的身体诊疗方法丰富地体现了“部分中包含整体”的思想：医生能够通过看手、足、耳附近的穴位和肚脐周围肌肉的张力了解一个人身体的整体状况，也能够通过把脉判断人体全身的气血情况。同样地，我们将注意力集中在局部，也可以看到世界的整体模样。19 世纪德国的美术建筑师间流传着一句话叫“细微之处有神明”，对部分不敷衍，才能领略到人生的整体之美。

——自凝心平

084 身体领先于心灵

大脑是用全身的神经网来实现“记忆”这一功能的，神经末梢从收集信息到把信息运送到大脑中枢的过程会产生细微的时间差，虽然只有零点几秒，但是在这段时间内大脑是无法真实地“认识”现实的。而另一方面，我们的身体是用“感知”这一方式来接触世界的。身体对这一时间差的反应大多是心里会产生微妙的违和感。所以，一个人只有诚实地对待自己的身体，才能做到对自己的内心坦诚。

——自凝心平

我们的身体无论何时都是非常诚实的，即使是你拼命想隐藏的事情，也会从你的言行举止中表现出来，而你内心深处的想法则会通过表情流露出来。但是，最让人惊讶的还是身体反应的迅速和灵敏程度——隐藏在你内心褶皱中最隐秘的尘埃，可能连你自己都没有察觉，而身体却能早早发现并向你传达信号。比如有时你觉得心中郁结、闷得慌，而不久后则出现无法抑制的明显疼痛，这就是很好的证明。

——山下英子

085 流入的法则

我们是在流动中生活的，所有的东西都在源源不断地流入我们的生活，而我们又在不断流逝的时间里度日营生。这样的流动是不可能停下来的。如果流动受到阻碍，势必会产生淤积；但是只要清除堵塞，流动就会复苏，也会有新的东西再次流入，给我们带来新的体验。我们不需要过于在乎流动的缓急，只要注意清除生命中的淤积就可以了。

——山下英子

我们将流动的云的连拍照片做成高速动画效果之后会发现，缓缓流动的云就像瀑布的水流一样。世上所有的一切都在流动，所有的形状都在变化，无论是“事情的原因和结果”还是“人生中的来来往往”，都只是截取一段时间范围内某一时刻的“静态”。这静态并非一种结果，而是处于过程之中。紧紧抓住这种流动，妥善地接受它，然后放手，这就是流入的法则。

——自凝心平

086 出入口的原理

世上既有“入口”也有“出口”，但是我们好像总会不假思索地只关心入口，却不思考对自己来说究竟什么才是最重要的。对如何获取某物的“入口”抱有十二分热情，却对“出口”漠不关心，于是“出口”就很容易堵塞。在没有出口的通道中行走，应该是这个世界上最不幸的事情了吧。糟糕的人生，正是因为有了出口才有了希望，我们才会不断前进啊。

——山下英子

我们很容易对自己的健康状况感到不安，经常会考虑吃各种药品、保健品和健康食品。事实上，现代病大部分是吃得太多、喝得太饱的过剩病，所以说，关心如何“排出”才是更合适的应对方法。正如在江户时代，人的排泄物被用作肥料（假设我们要将排出的东西赋予价值的话），注重“排出”的人会更注重饮食健康，选择食用优质食品，如此，“出”“入”双向都会变得更加健全吧。

——自凝心平

087 重要的事情有 3 件就够了

美国有个部族数数的时候只有 1、2、3。我们的许多分类方法都与此类似，比如我 = 第一人称、你 = 第二人称、另一个人 = 第三人称，以此类推的第四人以及四人以上都是第三人称，这样的分法十分简洁。确实，一般说到第四的时候，我们的注意力就会分散，倒不如直接归纳成 3 点。如果我们在看待事物的时候用“3”分类，世界也会变得更加清晰吧。

——自凝心平

「大事なことは三つでいい」

我们在做选择的时候，在为某事绞尽脑汁的时候，或者要排出事物优先级的时候，只要注意“3”这个数字就好了。如果有 4 个选项，那么说明我们的调查研究做得还不够，思考有欠缺。如果只有两个选项，那么大多是因为剩下的选项之间有对立的因素，很容易产生选任何一个都无法让人满意的结果。所以说，如果经过了充分思考，自然而然就会剩 3 个选项，这意味着你确实有经验了。

——山下英子

088　阳性的直觉、阴性的直觉

直觉通常分为两种：一种是灵光一现，另一种是违和感。前者一般预示着前进，而后者则是需要停下来的信号。该前进还是该后退，其实直觉已经告诉我们了。灵光一现通常是华丽的，而违和感更为朴素低调。我们总爱追逐灵光一现，但是也不能逃避小小的违和感，而是应该顺应自己的感觉，这样我们的直觉的灵敏度才能有飞跃性提升。也只有这样，我们在人生道路上才能遇到更多的灵光一现。

——山下英子

人类有两种直觉：来自大脑的自上而下的直觉，以及由骨盆中喷涌而出的直觉。我们只有掌握好这两种直觉之间的平衡，才能成为一个感觉敏锐的人。思维和情感，理性和感性，磨炼理性之前的直觉和磨炼感性之前的直觉，这些似乎是人与生俱来的“矛盾”。我们只有真正做到用感性来调节被理性支配的大脑，用理性来整饬过于感性的心灵，将这两种直觉融合在一起，才能成为一个可以自由设计自己人生的艺术家。

——自凝心平

089 因果律和共时律

一种结果的出现必然有其原因，这种将原因和结果结合在一起的思维方式被称为“因果律”。此外还有一种观点被称为“共时律”。共时律认为原因和结果并非一一对应，而是万事万物内部都存在着复杂的关系性，不可能完全单一地对应着去解读。共时律还认为，人当下的心理状态和态度会影响到过去和将来。我们将注意力放在此时此刻的“心理状态”上，就能将自己眼前的东西和过去相割离，不为过去所牵绊，未来才能变得自由。

——自凝心平

出现一种结果肯定是有其原因的，这一点我们无法否认，但是导致这个结果的过程肯定不会是一条直线，也许有千万种乃至数不清的途径。因此，倘若追溯原因，时间和地点不同，内容、程度和解释也是千差万别的，而且此时的所谓结果，在未来的漫长时间中也只是一个节点而已。

——山下英子

090 人类是地球和宇宙之间的向导

东方哲学中有一个词叫“天地人”，这种说法认为将“天”和“地”连接起来的是“人”。寻常动物是用四肢爬行，而人类是用双腿直立行走，这是人和动物之间一个很大的不同。人类因为能够站立，下半身相当于“地（地球）”，上半身相当于“天（宇宙）”，就像是天线一样的存在。人之所以为人，是因为人类将地球的意识和宇宙的意识融汇、交流，让地球在宇宙中不再是一个孤立的存在。

——自凝心平

人間は地球と宇宙の間の
コンダクターの役割を持っている

古人依据天象耕作，根据星星的位置判断海上的航线，和阳光一起醒来，和月光一起睡去，这些都是人类生活最原始的面貌。土地接受雨露的恩惠长出作物，而我们人类以此为粮食，借此吸收上天的能量，借助耕作又将这种能量传回大地，这就有了人类度日营生的样子。我们接收宇宙的信息，传达给地球，在被地球的气息包围的同时，又对宇宙充满遐想。因此说，我们人类是地球和宇宙之间的联结者一样的存在。

——山下英子

第九章 变化

变化

091 “厌倦”是生命在向我们传达信息

你一定有过这样的感觉：每天使用着同样的东西，重复做着同样的事情，过着同样的生活，连对自己都感到厌倦。这种“厌倦感”如果处理得当，对我们就会变成一件好事，为什么呢？因为厌倦感是我们为了从“停滞”中挣脱出来而发出的呐喊，这种“厌倦”是生命本身发出的声音，人生的变化和展开也是从我们接受这种声音开始的。

——山下英子

「飽きる」という感覚に
いのちからのメッセージ

我们总是一方面渴望安定，另一方面又追求变化和刺激。人仅仅靠安定是无法生活的，但是经常发生急剧的变化也让人无所适从。因此，让我们试着将上升过程中的变化想象成楼梯吧。楼梯是为了让我们登上新的台阶而存在的，但是，当我们真的在楼梯上歇歇脚时，内心又会有声音敦促我们继续前进，这应该就是类似于“厌倦”的状态吧。

——自凝心平

092　接受变化，享受变化

就像天气变化和四季交替，变化是我们的人生中不可或缺的东西。世界上没有一成不变的事物，但是有时候我们会恐惧变化，尤其在人际关系方面。变化是人生的必经步骤，让我们有机会修正自己的人生道路，正因如此，我们要接受它、享受它。

——山下英子

所谓“诸行无常”，指的是万事万物变化多端，没有一成不变的事物。而“万物流转”，意思就是这个世界上的物质无时无刻不在运动，哪怕一瞬间的静止，都是不存在的。世界是在变化的前提下形成的，变化是构成世界的主要成分，享受变化就是充分享受这个世界。

——自凝心平

093 “正确”会选择地方，而“幸福”却不会

“正”这个汉字，上下颠倒一下位置，就变成一个没有读音且不存在的汉字。但是“幸”这个字即使上下颠倒过来，还是读“幸”。因此，“正确”需要选择地方，但是“幸福”却与处于什么样的状况无关，而是取决于自己的内心。是正是邪，是正确还是错误，这些都是黑白分明、非此即彼的事情。但是幸福却不是这样的，对于同一件事情，我们的身体可能觉得这是“不正确”的，但是心里却觉得幸福，也就是说，较之于正确与否，我们对事物的感受和自身的幸福敏感度息息相关。

——自凝心平

正しさは場所を選ぶが、
幸せは場所を選ばない

随着时间推移，事物的“正确性”会发生改变；场所不同，事物的“正确性”也会不同。这些都是简单的事实。但是，如果一个人对变化感觉迟钝，只是维持现状，那么他所谓的“正确”也只是常识性的“正确”，仅仅是对他自己而言的；这样的正确也许并不会为别人所接受，可能还会让他被疏远。因此，我们要记住：正确和幸福常常并不是一致的。

——山下英子

094 即使明天世界毁灭，我仍然会在今天种下苹果树

这是德国著名宗教改革家马丁·路德留下的一句话，他坚信自己信奉之道并非谬论，而是天命。即使知道明天地球毁灭，今天也要像往常一样继续生活下去，这难道不是一种幸福吗？这句话是我在和已经故去的导师倾诉烦恼之时听到的，虽然是路德的名言，对于我来说却像是导师的遗训，之后我多次从这句话中得到力量。语言有的时候真的蕴藏着巨大的原动力，那么你的座右铭又是什么呢？

——自凝心平

「たとえ明日世界が滅びようとも、
私は今日もリンゴの苗木を植えるだろう」

对未知的明天左思右想、烦恼不安，对已经过去的昨天又后悔不已，这应该是我们人类无法摆脱的劣根性。德国 16 世纪著名宗教改革家路德，对当时乱发赎罪券的伪宗教行为极为愤慨，即使被教皇开除教籍，也依然从灵魂深处发出了这句炽热又坚决的宣言。现在的我们也能从中受到教导和鼓舞。在今天，能够迸发出所有的热情，献出自己的一生更是一种至福，我对这句话也是推崇备至的。

——山下英子

095 持之以恒地脚踏实地才是特别的存在

我们身体中的细胞每日的工作非常平凡，完全是一种朴素而单纯的循环反复；我们的身体中平时也不会发生什么大事，没有任何戏剧性的行为，只是日复一日地循环往复，持续着一天两万多次的呼吸、九万多次的心脏跳动。细胞的工作虽然平凡，但正是因为这样的持之以恒、脚踏实地，身体才每天都在创造生存的奇迹。

——自凝心平

我们总希望能发生什么特别的事情，总是祈祷自己是特别的存在，对眼前发生的日常小事不以为然，觉得不是什么大不了的事情。但是如果这种理所当然的事情有一天突然中断，我们就必须立即直面困难，就像突然断水一样。因此，对日常应当抱有感恩之心，而不能认为这是理所当然的。日常才是最为特别的存在。

——山下英子

096 臆病是人生最大的病

“臆”是月字旁，右边放一个意识的“意”，意思是“进入内心的时候”。臆病也就是不知道将自己的心放在什么位置，心思摇摆不定。这种时候，只有拥有强大的自信才能做大的决定吧。所谓臆病（怯懦），就是无法决定自己的人生，是人生中最大的病。

——自凝心平

一个人被别人说没出息，或者被指责太狡猾，都不是什么大问题，只要他的决定都是在深思熟虑的基础上做出的谨慎的选择。但是有的人，无论多么简单的选择都要借助外力，请求他人协助，而且已经将此转化为一种无意识的行为，那么这样的人就是懦弱的人。我们只有靠自己果断地做出各种各样的选择，才能创造出属于自己的人生。

——山下英子

097　世间本无昼夜，太阳一直在照耀

我们一直认为太阳东升西落是理所当然的事情，事实上太阳本身既不会升起，也不会落下。之所以有日出日落、昼夜之分，完全是因为接受阳光的一方——地球——的自转。实际上太阳一直在同一个地方，慷慨地将阳光洒向每一个人。晴天或是阴天，看上去好像是太阳的缘故，但是太阳本身并没有制造阴晴昼夜的打算，问题出现在作为接受者的一方身上。

——自凝心平

太陽の光はいつもまっすぐ
昼も夜も本当はない

有时候即使有人目不转睛地盯着我们看，我们也会有注意不到的时候；即使有人一直无私地关心我们，也会有得不到我们回应的时候。注意不到的是我，而得不到回应的是你。如果我和你都能够坦率地将精力倾注在对方身上，或许就能够相互包容。有时候这样想象一下也是很有意思的。

——山下英子

098 日常本身就能实现思维模式的转变

提到思维模式的转变，我们总觉得必须通过一些特殊的经历才能彻底改变自身业已形成的价值观、常识和行为模式。其实在日常生活中，如果能够注意到身边细微的变化，就能给思维模式的转变带来更多的可能性。改变自己，用多维的视角来看待日常生活，价值观和各种观念才有更新的可能。因此，转变思维模式的机会就存在于你的日常之中。

——山下英子

所谓思维模式，就是我们在多年生活中积累起来的价值观和深信不疑的东西，同时也是一种限制和禁锢。在心理学中，打破禁锢、建立新的思维模式，被称为“重建”。虽然日常大多平凡得不值一提，但是我们可以通过改变自己的思维模式来享受日常。因此，最重要的并不是事情本身，而是我们的看法和处理方式。改变对事情的看法和处理方式，才是真正的思维模式转变。

——自凝心平

099 将日常变成冒险

你也许每天都在相同的时间走在相同的路上，但是每天的风声是不一样的，每天的温度也不尽相同，还有你每天行走的速度、映入眼帘的风景，也都是不一样的。你也许每天都做着固定的工作，但是遇到的人、发生的事是不一样的，你呼吸的深度和你的情绪也一直在变化。把自己的目光放在这些小小的不同上，找出生活中细微的变化，你就会发现你的日常一直都是充满冒险的呢。

——山下英子

将日常变成冒险的秘诀就是要意识到自己的5种感官：视觉、听觉、嗅觉、味觉以及触觉。感觉之间都是相互联系的，过于集中在一种感觉上，其他的感觉就会弱化，变得迟钝起来。如果我们能像给乐器调音一样自如地调整感觉，那么我们的生活就会变成多彩的冒险吧。看到什么、听到什么、闻到什么、吃到什么、触摸到什么，每天都有新发现。所以，冒险的秘诀就是：像调音师一样磨炼自己驾驭感官的技能。

——自凝心平

100 像量子飞跃一样，人生的剧变并不是突然而至的

物理学中有个名词叫作量子飞跃。在极小的量子世界中，变化都是从内部开始的，超越临界点的一瞬间，外观就会发生肉眼可见的剧变。人生中的量子飞跃是指，一个人内心不断成长，以某一天为界限，人际关系和工作内容会发生根本性的上升式变化，这样的变化看起来十分突然，其实是不断累积的内在成长所致的必然结果。

——自凝心平

クォンタム・ジャンプ
～人生の飛躍は突然ではない

有些人的生活会突然发生一些对自身有益的巨大变化，看到这样的人，我们通常会羡慕他们的好运，也许就连当事者本人都对这种急剧的变化感到困惑。其实，在人生的舞台上，突然发生的巨大变化，是我们日复一日、脚踏实地的行动聚集起来的能量块突然爆发导致的。人生的飞跃都是日常不懈努力和自我修炼的结果啊！

——山下英子

101 仅仅是水滴一样的一句话

要在十分干燥的场所创造水流，第一滴水十分重要，因为后面的水会顺着第一滴水的流向形成水流。刚开始只是细细的小水流，后来水流势头逐渐变大，一切的一切都源于开始的那一滴水。因此，我们要遇到让自己展开行动的第一句话，要遇到能让你干涸的内心创造出水流的第一句话。

——自凝心平

不可轻视小小的一滴水：一滴深蓝色的墨水能把透明的水染成清爽的蓝色，一滴深红色的墨水能把透明的水变成鲜艳的红色。语言也和这一滴水一样，只是寥寥几个字、短短一句话，你的形象就会鲜明起来。选择什么样的颜色是由你自己决定的，就让我们享受染色带来的快乐吧。

——山下英子

102 所有的一切都在变化之中

我们的世界唯一绝对的东西就是“变化”吧，无论是谁都无法脱离变化而生存。你不是昨天的你，我也不是昨天的我，没有人能够以今天的面目去面对明天，因为变化时刻在发生。所以，我们有必要勇敢地面对变化，不要抗拒变化、逃避变化，也不用刻意淡化变化或者拼命迎合变化，只需要勇敢面对。

——山下英子

有个词语叫“动态平衡”。生物只要活着，无论是高等还是低等，都处于不断变化之中。生命是代谢连续变化的结果，可以说这种变化本身才是生命真正的姿态。就像自行车、洄游的鱼、自转的地球和公转的太阳系行星一样，都在运动中保持着平衡，是无法完全静止的，这就是生命的本质。

——自凝心平

第十章

进化

進化

103 我们的进化总是包含着勇气

我们的身体是从受精卵开始成长的，胚胎学认为，个体发育在不断重复着系统发育。也就是说，胎儿在出生之前，会经历从鱼类、两栖类、爬行类进化到哺乳类的过程，以高速度体验进化，在母体内进行一场大冒险直至出生。我认为进化是勇气的结晶，如果没有勇气，我们的身体就只会是一个受精卵而不断进行相同的分裂，最终成为一只大型变形虫而已。因此，勇气和冒险是进化的关键。

——自凝心平

私たちの進化には
いつもほんの少しの勇気があった

闯入未知的世界、追求未知的体验，毫无疑问都是需要勇气的。那么追根溯源，这样的勇气从哪里来呢？答案只有一个——好奇心。想知道、想看见、想品尝，等等，都是类似本能的欲求。勇气就是好奇心，而好奇心是生命的声音。一个人好奇心旺盛、一直充满好奇心，才会有一直向前的勇气。

——山下英子

104 对美的敏感度

不拘泥于得失，不纠结自己是否幸运，让自己能够超然于善恶和正误的意识世界。为了成为这样的自己，我们必须提高自己对美的敏感度，如此，我们才能拥有优美的语言、美丽的笑容、挺拔的身姿。但是比这些更重要的，还是我们身处的环境，所以要创造美好的居住空间。

——山下英子

一个人作为独立的个体，有什么东西是值得流传下去的呢？这是一个很难介入个人判断的领域：是正确的还是错误的？与个人幸福感相关还是不相关？是失去的还是得到的？人类有一种能够超越时代的特殊能力：将审美意识流传下去。这是一种超越个人的生存方式；是不仅仅在自己这一代，在任何一代都能流传下去的生存方式。

——自凝心平

105 未完成的完成

著名的天海僧正侍奉了德川家康、德川秀忠、德川家光三代将军，打下了江户幕府的基础。据说他为了幕府的长久发展，给各代将军都留下了一些必须解决的难题，天海僧正这一措施运用的思维就是“未完的完成”。一切已经完成的事情都是脆弱的，尚未完成且正在完善过程中的事物才蕴藏着强大的力量。每次都留下一些小问题，但是这些问题又不至于动摇根基，一代一代将现有的力量团结起来解决这些问题，在这个过程中应该暗藏着江户幕府持续 15 代的秘密吧。

——自凝心平

一件事情如果已经完成了，也就意味着结束了。所谓完成，既包含目标，也包含终点。如果你希望继续发展下去，有所进化和深化，就不能将目光仅仅放在完成上面，应该保持着完成一件事又发现新目标的姿态。我们人生的目的就处于未完成的同时又继续前进的过程中。

——山下英子

106 有所取舍才能脱颖而出

一个人如果想脱颖而出，就必须有所取舍，对所有的事情大包大揽容易导致无法兼顾，以致事事耽误，渐渐埋没了自己，最终让自己毫无存在感。要明白，人必须选出对自己重要的事情，而有些事情是可以舍弃的。有了这样的思考方式，才有可能让自己在众人之中脱颖而出。

——山下英子

平安时代的佛师（雕刻佛像的艺术家）在雕刻之前会依据木料的特点，先想象出佛像的姿态，发掘出佛像的形象，让佛像自我完成。之后佛师只要削去多余的部分，木料之中所藏的佛像就浮现出来了。可以说，佛师不是在完成某件事情，而是让业已存在的事物浮现出来，这是一种取舍之美。在我们的日常生活中，让自己脱颖而出的方法之一就是勇于在芜杂中做出取舍。

——自凝心平

107 放手才能得到美

一个人想要拥有美好，就要学会放手，对一切事情大包大揽、到处都是积攒的物品，你的存在感就会变得微弱，你这个存在本身也会变得丑陋起来。所以必须学会做出选择，明白生活中有些事情必须舍弃，只有具备了舍弃的勇气，你的存在才会变得美好、夺目。

——山下英子

在古日本，神道教是为了祛除厄运和污秽、清理不洁的东西而形成的。放手是为了让身体变得轻盈、灵魂变得通透，得以感知八百万神明。人正是因为放手，才得到了精神上的充盈；从大量的物品中解放出来，才获得了内心的宁静。美的奥义也许就沉睡在日本人的心底，藏在日本人的DNA里。

——自凝心平

108 所谓人生，就是自由自在

你也许曾经心怀梦想，

你也许曾经追逐梦想，

你也许曾经因为种种原因不得不放弃梦想。

你也许曾经怀抱希望，

你也许曾经创造希望，

你也许曾经因为种种原因不得不放弃希望。

但是即使你放弃梦想，

即使你舍弃希望，

人生依然要继续。

那么，让我们不要放弃人生，

不要抛弃人生，

勇敢地继续前行吧！

只有这样，你才能找到真正的自己，

因为“自由自在”就是你的生存方式！

山下英子

自凝心平

后记

あとがき

答案一直在你身边

5年前开始构思合著、企划拙作，用了两年才开始动笔，其间又将完成的原稿归零，重写又花了1年，如今终于开花结果、呱呱落地。将日常的奥义提炼出来，再用简短的语言表达出来，不亲自尝试真的不知道是一件多么困难的事情。这一定是在无意识的支配之下，我们很难意识到所谓的“日常”的缘故吧。

前面写到构思花了5年时间，这让我又回想到第一次见到“断舍离”的创始人山下英子女士的情形。当时山下女士所著《欢迎用断舍离打造我的居所》(《ようこそ断捨離へわたしの居場所づくり》，宝岛社)一书中需要引用我电子杂志中的文章，借由此事，5年前山下女士通过责任编辑大西祥一和我联系关于刊登许可一事。不必说，此事对于我来说是非常值得骄傲的，而且其间山下女士礼貌认真的态度让我十分感动，虽然觉得不礼貌，但是我还是提出希望能够见一面。

见面当日，山下女士和大西祥一先生一同前来，我当时正在撰写《疾病是才能》（《病気は才能》）一书，负责此书的责编也和我同行。4 个人的聚餐十分愉快，我们意气相投，不觉聊到深夜，直到现在我还印象深刻。当时与我同行的责编是 kannki 社的谷英树先生，也是拙作的出版方。

在此 5 年间，我从山下英子女士身上学习了很多关于人生本质的道理。也正因如此，我本人真正地学习了、感受了，才有了能够将自己的想法传递给读者的自信。本次能够合著，我感到不胜荣幸。

断舍离是用来处理日常生活的，使用的舞台也一直在日常之中。但是日常是一种转瞬即逝的东西，如果自己不加注意，转眼间就会错过，就像流水浮云一样难以把握。

正因如此，试图改善生活习惯总是那样困难。

因此，在生活中自觉地进行思考是十分重要的事情，如果能做到这一点，你就能一直保持自信。最后我找到一句话来完结此书，这句话中还包含着希望大家“对日常进行自觉思考”的愿望，这句话就是：

答案一直在你身边。

请相信这一点，且务必安心。无论出现什么样的问题，当你认真地去面对时，答案肯定已经在你身边了。

自凝心平